This Is Chemistry
MOLECULES AND ATOMS 分子和原子 ①

米莱童书 著/绘

四川教育出版社

推荐序

  非常高兴向各位家长和小朋友们推荐《这就是化学》科普丛书。这是一套有趣的化学漫画书，它不同于传统的化学教材，而是用孩子们乐于接受的漫画形式来普及化学知识。这套丛书通过生动的画面、有趣的故事，结合贴近日常生活的场景，深入浅出，寓教于乐，在轻松、愉悦的氛围中传授知识。这不仅能够帮助孩子初步认识化学，还能引导他们关注身边的化学现象，培养对化学的浓厚兴趣。

  化学是一个美丽的学科。世界万物都是由化学元素组成的。化学有奇妙的反应，有惊人的力量，它看似平淡无奇，却在能源、材料、医药、信息、环境和生命科学等研究领域发挥着其他学科不可替代的作用。学习化学是一个神奇且充满乐趣的过程：你会发现这个世界每时每刻都在发生奇妙的化学变化，万事万物都离不开化学。世界上的各种变化不是杂乱无章的，而是有其内在的规律，都被各种化学反应式在背后"操控"。学习化学就像是"探案"，有实验室里见证奇迹的过程，也有对实验结果的演算分析。

  化学所涉及的知识与我们的日常生活息息相关，化学变化和化学反应在我们的身边随处可见。在这套科普绘本里，作者用新颖的形式带领孩子探究隐藏在身边的"化学世界"：铁钉为什么会生锈？苹果是如何变成苹果醋的？蜡烛燃烧之后变成了什么？为什么洗洁精可以洗净油污？用什么东西可以除去水壶里的水垢？……这些探究真相的过程，可以培养孩子学习化学知识的兴趣，也是提高科学素养的过程。

  愿孩子们能从这套书中收获化学知识，更能收获快乐！

中国科学院院士，高分子化学、物理化学专家

目录

什么是分子

很久以前，学者们就在思考一个问题：**物质是由什么构成的？**

他们提出了一个构想，认为物质是由肉眼看不到的微小粒子构成的。后来，这个构想被证实了。世界的确是由微粒构成的。什么是微粒？比如……

分子是个小不点儿，它的质量和体积通常都很小。

指针啊，你可以动一下，让我感受到自己的存在吗？

一滴水够小、够轻了吧，可一滴水含有的水分子的数量却庞大得惊人。

看到了吗？一滴水中有这么多的水分子。

=167000000000000000000

假如全世界的人都来数一滴水中的分子，每个人每分钟数100个，就算一分一秒都不停歇，大概需要4000多年才能数完。

物质中的分子排列得密密麻麻，但分子与分子之间也**有间隔**。气态物质分子间的间隔比较大，液态物质分子间的间隔次之，固态物质分子间的间隔比较小。

分子与分子间的间隔，还与**温度**有关。

不同的分子

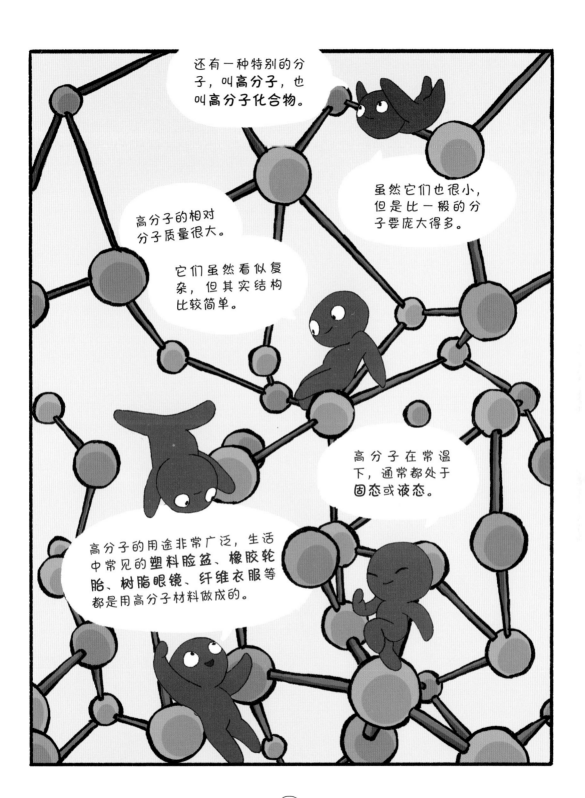

分子的运动

分子很不安分，一有机会，它就做**毫无规则的运动**。

我就是喜欢这样不停地乱跑。

分子的运动，你可以"**闻到**"。当你走过花圃，闻到花香，就是因为分子在运动。

香味分子通过运动进入空气，然后被吸进鼻子里！

分子的运动，你可以"**尝到**"。

糖块放进一杯水里，糖分子分布在水中，水就会变甜！这也是**分子运动**的结果。

湿衣服挂起来会慢慢变干，也是由于**分子**在不停地运动。

衣服中的水分子一点点跑了出去，衣服就变干了。

分子的运动，你可以**"感受"**到。

分子的运动，你甚至还能**"看到"**。

来做一个小小的品红实验。

注 品红是一种红色染料。

这个烧杯里装的是普通的水。

这个试剂瓶中装的是常用的化学试剂品红。

往烧杯中加入少量的品红。

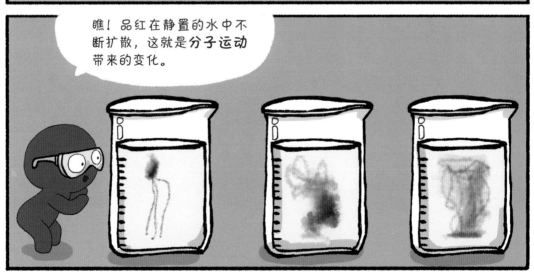

瞧！品红在静置的水中不断扩散，这就是**分子运动**带来的变化。

什么是原子

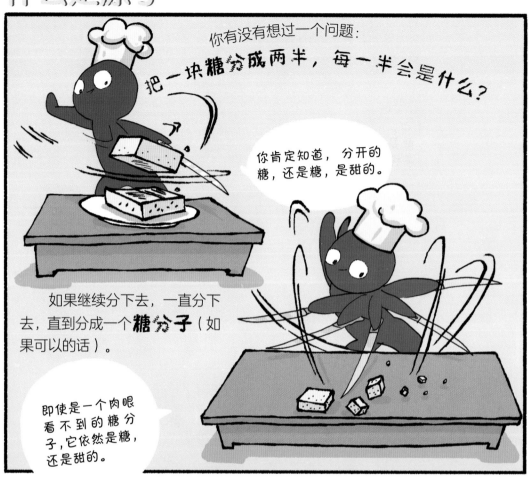

你有没有想过一个问题：

把一块糖分成两半，每一半会是什么？

你肯定知道，分开的糖，还是糖，是甜的。

如果继续分下去，一直分下去，直到分成一个**糖分子**（如果可以的话）。

即使是一个肉眼看不到的糖分子，它依然是糖，还是甜的。

这个糖分子还可以继续分割吗？如果可以，再分割会变成什么样呢？

分子可以分成更小的**原子**。

分子可以在化学变化中变成其他不同的分子。比如，氢气分子和氧气分子结合发生变化，先分成氢原子和氧原子，然后氢原子和氧原子结合，形成**水分子**。

你还记得之前提到的那个分糖游戏吗？

把糖块分成糖分子，它依然是糖，还是甜的。但再把糖分子分成原子，它就不再是糖了，没准儿原子会重新结合，变成其他的东西哟！

在化学变化中，**原子不能再分**，而分子会变成其他分子。

分子是保持物质化学性质的最小粒子

原子是化学变化中的最小粒子

原子的结构

原子虽然在化学变化中不能再分，但原子却是由更小的粒子构成的。原子的中心是**原子核**。

原子核由两种小粒子构成，分别是**质子**和**中子**。

质子

中子

在原子核的外围，还有更小的**电子**，它们绕着原子核不停地运动。

电子

原子的结构究竟是什么样的呢？

1803年，有人曾提出：原子的结构很简单，就是一个实心的小球。

这种原子模型叫作**葡萄干蛋糕模型**。

这种原子模型叫作**实心球模型**。

1904年，又有科学家提出：原子其实像一块葡萄干蛋糕，电子就像一个个的葡萄干那样，镶嵌在一个球上。

1911年，又有人提出：原子的大部分是**空的**，它的中心是一个很小的原子核，核外电子按一定轨道围绕原子核运动。这种模型就像行星绕太阳运动一样。

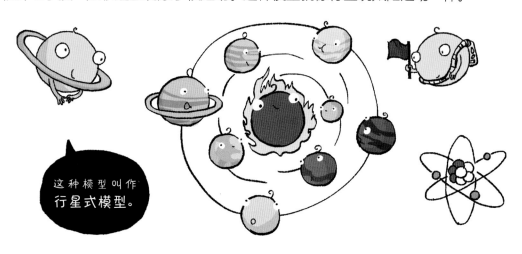

这种模型叫作**行星式模型**。

在行星式模型的基础上，科学家玻尔又提出了一种原子结构模型。仔细看一下这种模型就会发现，电子运行的轨道被分为了好几层，电子在**固定**的层上运动。

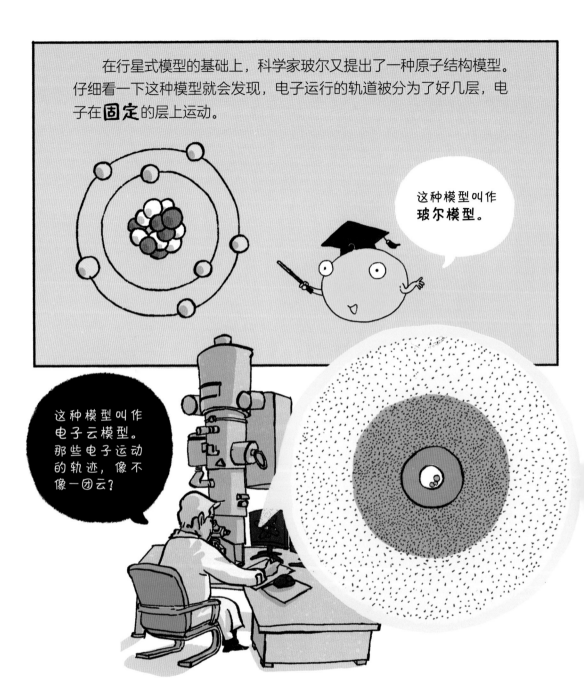

这种模型叫作**玻尔模型**。

这种模型叫作电子云模型。那些电子运动的轨迹，像不像一团云？

后来又有科学家提出电子在原子核外很小的空间内做高速运动，它们的运动轨迹非常杂乱，毫无规律可循。瞧瞧这张图，上面密密麻麻的黑点，就是电子运动出现过的地方。

如果将原子看作一个体育场，原子核只有体育场中的一只蚂蚁那么大，剩下的空间都是电子运动的"地盘"。

电子有能量，离原子核近的电子，能量比较低，离原子核越远的电子，能量越高。

离子

电子很喜欢运动。特定条件下，它们会集体定向移动，就会形成我们平常所说的电。

嘶！ 嘶！ 嘶！

我们来玩一个小游戏，把一块薄铜片和薄锌片插进一个苹果中。

会发生什么？

似乎看起来没什么特别的。但如果用两根导线，一头连接锌片和铜片，另一头连着二极管，二极管会有什么现象？

二极管发光，说明插在苹果中的铜片和锌片产生了电。

和铜锌原电池的道理一样。我们把苹果换成稀硫酸，来一场大揭秘。

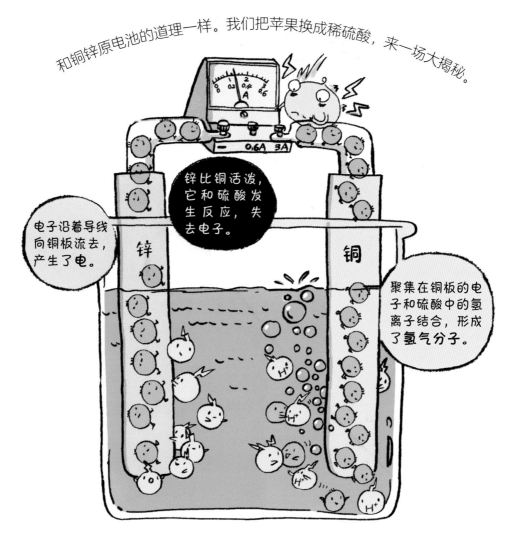

电子沿着导线向铜板流去，产生了电。

锌比铜活泼，它和硫酸发生反应，失去电子。

聚集在铜板的电子和硫酸中的氢离子结合，形成了氢气分子。

铜锌原电池中，锌板是电池的负极，铜板是电池的正极。其他原电池产生电的原理，和它是一样的。

电子

有的原子中的电子数量很少，就只有1层，这一层的电子数就不超过2个。

氢原子只有1个电子层，只有1个电子。

核外电子运动杂乱无规律，但它们在原子核外却很有规矩地一层层排列。

电子层最多的有7层。

电子层从内到外，能量越来越高，而电子的排列总是先排布到能量低的层上去。

如果内层有了空位，外层的电子就会释放一部分能量跑到内层去。

在外面跑太累，还是进去跑舒服。

最外层的电子数不会超过 8 个（只有 1 层的，电子数不超过 2 个）。最外层有 8 个电子的原子比较稳定，不容易与其他物质发生反应。

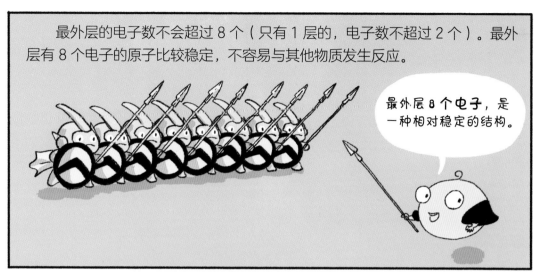

最外层电子少于 4 个的原子，在反应中容易失去电子；最外层电子多于 4 个的原子，在反应中容易得到电子。

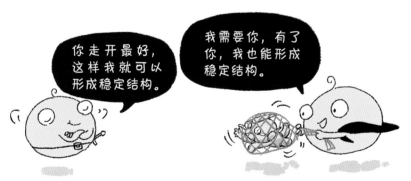

钠原子最外层只有 1 个电子，氯原子最外层有 7 个电子。它们发生反应时，钠原子最外层的电子就会转移到氯原子上。

化学键

分子间相邻的离子和离子间或原子和原子间都存在着作用力，这种作用力称为化学键。

钠原子被氯原子夺走一个电子，分别形成了带正电的**钠离子**和带负电的**氯离子**。

BYE

它们因为带有相反的电荷而产生了**离子键**，相互吸引并结合在一起，形成了**氯化钠**。

原子和原子之间，会因为共同使用电子对而形成相互作用的**共价键**。

一个氢气分子由两个氢原子构成，两个氢原子共同分享一对电子，形成了稳定结构。

我们把各自唯一的**电子**拿出来共用。

氯化氢分子由氢原子和氯原子构成，它们之间也共用一对电子，氢原子和氯原子分别形成稳定结构。

氢原子和氯原子分别拿出一个**电子**共用。

原子的质量

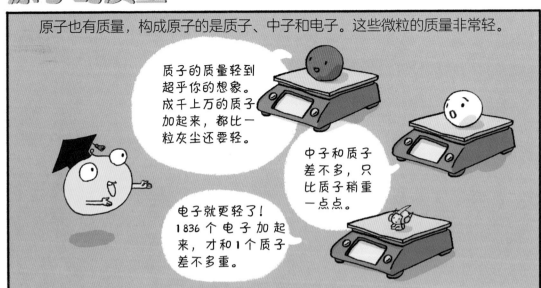

电子的质量实在是太小了，
与质子和中子比起来，几乎可以忽略不计。

原子的质量实在太小了，写起来、用起来都很不方便，人们就想了个办法，把一种**碳原子质量的十二分之一**作为标准，其他原子的质量与它比较得到相对原子质量。

氢原子只有一个质子，它的相对原子质量大约是1。

1.008

氦原子有两个质子，两个中子，它的相对原子质量大约是4。

4.003

氧原子的相对原子质量约是16。

16.00

碳原子的相对原子质量约是12。

12.01

平时常见的铁的原子，它的相对原子质量是55.85。

55.85

原子蕴藏的能量（核裂变和核聚变）

原子能也称核能，是原子核发生变化时释放出的能量。铀原子的原子核被中子轰击后，会**裂变**成几个较小的原子核。同时，它会产生几个新的中子，并释放出能量。释放出去的中子会继续轰击其他铀原子核，形成**链式反应**。

只有像铀这种质量较大的**原子核**才能发生核裂变。

核裂变产生的能量**巨大**。1千克的铀裂变产生的能量超过2 000吨煤炭完全燃烧时释放的能量。

世界上许多国家建立起**核电站**，用核能发电。

人们经过努力地研究，已将核能应用在发电上。

核裂变能够产生巨大的能量，人们将它用在军事上，发明了**原子弹**。

原子弹爆炸的威力非常大，能够产生强大的冲击波和**核辐射**。

它的破坏力惊人，是非常危险的武器，不能轻易使用。

原子核还可以发生**核聚变**，两个原子核碰撞在一起发生聚合作用，会变成更重的原子核，同时释放出巨大的能量。

只有比较**轻**的原子才能发生核聚变。

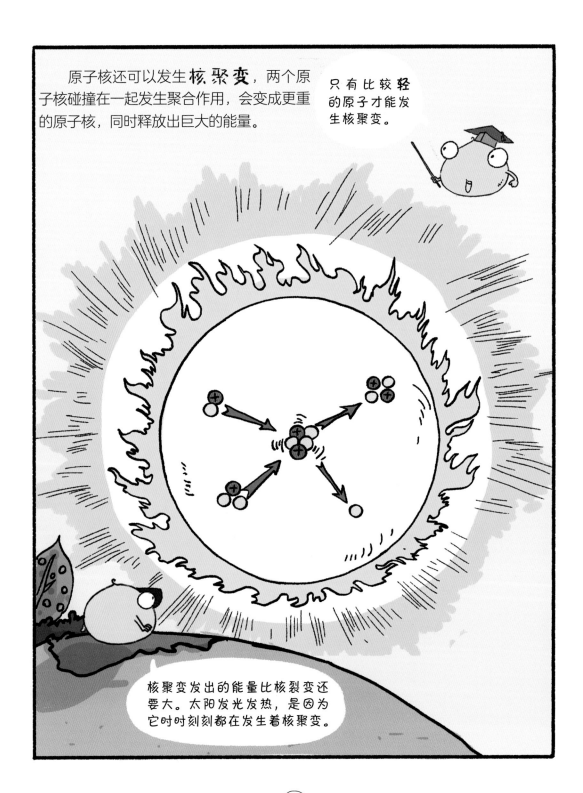

核聚变发出的能量比核裂变还要大。太阳发光发热，是因为它时时刻刻都在发生着核聚变。

来看看我们**认识**了哪些化**学**朋友。

思考

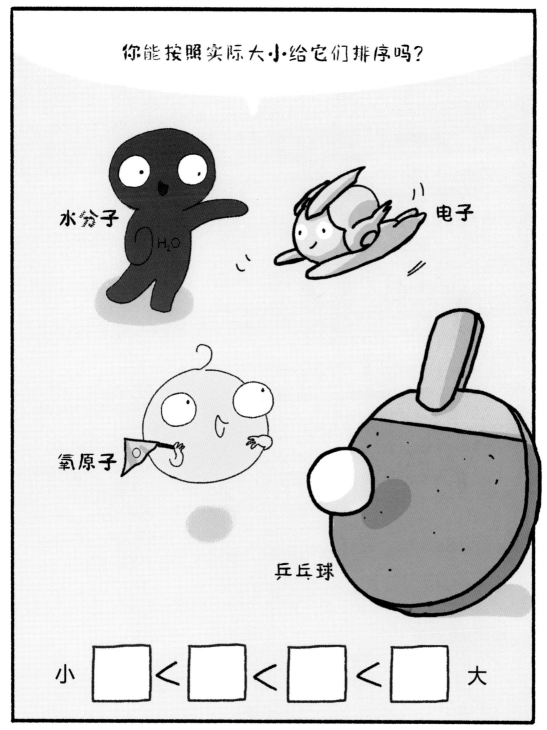

问答收纳盒

什么是分子？　　分子是保持物质化学性质的最小粒子。一颗糖可以分成数不清的糖分子，每一个糖分子都是甜的。

什么是原子？　　原子是化学变化中的最小粒子。一个糖分子还可以再被分成一些原子，但分成原子之后就不再是甜的了。这些原子可以重新组合，变成其他的分子。

原子还可以再分吗？　　原子由原子核以及围绕它运动的电子构成，而原子核又是由质子和中子构成的。

什么是离子？　　当一个原子得到电子或失去电子的时候，就会变成带电的离子。得到电子的原子叫阴离子，带负电；失去电子的原子叫阳离子，带正电。

什么是相对原子质量？　　由于原子的质量太小，不便于书写和记忆，于是人们规定了相对原子质量。以一种碳原子质量的十二分之一作为标准，其他原子的实际质量与它相比较得出的数值，就是原子的相对原子质量。

什么是核裂变？　　原子核被轰击后，裂变成较小的原子核，同时释放中子和能量。

什么是核聚变？　　两个原子核碰撞在一起发生聚合作用，变成更重的原子核，同时释放出能量。

思考题答案

37页　　电子＜氧原子＜水分子＜乒乓球

作 者 团 队

米莱童书

米莱童书是由国内多位资深童书编辑、插画家组成的原创
童书研发平台，2019"中国好书"大奖得主、桂冠童书得主、
中国出版"原动力"大奖得主。是中国新闻出版业科技与
标准重点实验室（跨领域综合方向）授牌中国青少年科普
内容研发与推广基地，曾多次获得省部级嘉奖和国家级动
漫产品大奖荣誉。团队致力于对传统童书阅读进行内容与
形式的升级迭代，开发一流原创童书作品，使其更加适应
当代中国家庭的阅读需求与学习需求。

专 家 团 队

李永舫　中国科学院院士，高分子化学、物理化学专家
　　　　作序推荐
张　维　中科院理化技术研究所研究员，抗菌材料检测中
　　　　心主任　审读推荐
亓玉田　北京市化学高级教师、省级优秀教师、北京市青
　　　　少年科技创新学院核心教师　知识脚本创作

创作组成员

特约策划：刘润东
统筹编辑：于雅致　陈一丁
绘画组：辛颖　孙振刚　鲁倩纯　徐烨　杨琪　霍霜霞
美术设计：刘雅宁　董倩倩

图书在版编目（CIP）数据

这就是化学. 1，分子和原子 / 米莱童书著绘. --
成都：四川教育出版社，2020.9（2021.12重印）
ISBN 978-7-5408-7397-4

Ⅰ. ①这… Ⅱ. ①米… Ⅲ. ①化学－儿童读物 Ⅳ.
① 06-49

中国版本图书馆CIP数据核字 (2020) 第142336号

这就是化学　分子和原子
ZHE JIUSHI HUAXUE FENZI HE YUANZI

米莱童书 著 / 绘

出 品 人　雷　华
策 划 人　何　杨
责任编辑　吴贵启　林蓓蓓
封面设计　刘　鹏
版式设计　米莱童书
责任校对　王　丹
责任印制　高　怡
出版发行　四川教育出版社
地　　址　四川省成都市黄荆路 13 号
邮政编码　610225
网　　址　www.chuanjiaoshe.com
制　　作　易书科技（北京）有限公司
印　　刷　河北环京美印刷有限公司
版　　次　2020 年 9 月第 1 版
印　　次　2021 年 12 月第 11 次印刷
成品规格　170mm×235mm
印　　张　2.5
书　　号　ISBN 978-7-5408-7397-4
定　　价　200.00 元（全 8 册）

如发现质量问题，请与本社联系。总编室电话：（028）86259381

北京分社营销电话：（010）67692165　北京分社编辑中心电话：（010）67692156